RÉPUBLIQUE FRANÇAISE

MINISTÈRE DU COMMERCE, DE L'INDUSTRIE
DES POSTES ET DES TÉLÉGRAPHES

EXPOSITION UNIVERSELLE INTERNATIONALE DE 1900

DIRECTION DES SERVICES D'ARCHITECTURE

INSTRUCTIONS GÉNÉRALES

RELATIVES AU FONCTIONNEMENT

DES SERVICES D'ARCHITECTURE

PARIS

IMPRIMERIE NATIONALE

M DCCC XCVII

MINISTÈRE DU COMMERCE, DE L'INDUSTRIE
DES POSTES ET DES TÉLÉGRAPHES

EXPOSITION UNIVERSELLE INTERNATIONALE DE 1900

DIRECTION DES SERVICES D'ARCHITECTURE

INSTRUCTIONS GÉNÉRALES

RELATIVES AU FONCTIONNEMENT

DES SERVICES D'ARCHITECTURE

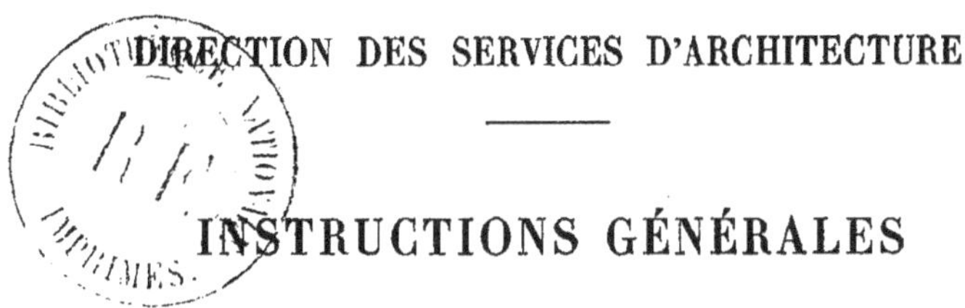

PARIS

IMPRIMERIE NATIONALE

M DCCC XCVII

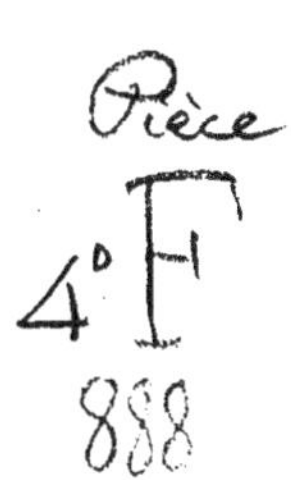

RÉPUBLIQUE FRANÇAISE.

MINISTÈRE DU COMMERCE, DE L'INDUSTRIE,
DES POSTES ET DES TÉLÉGRAPHES.

EXPOSITION UNIVERSELLE INTERNATIONALE DE 1900.

DIRECTION DES SERVICES D'ARCHITECTURE.

INSTRUCTIONS GÉNÉRALES

RELATIVES AU FONCTIONNEMENT

DES SERVICES D'ARCHITECTURE.

CHAPITRE PREMIER.

ATTRIBUTIONS DU PERSONNEL.

ARTICLE PREMIER.

Observations préliminaires.

Le service technique d'architecture de l'Exposition est placé sous les ordres et le contrôle du Directeur des services d'architecture.

Il assure la construction des édifices de l'Exposition universelle de 1900 et leur entretien pendant la durée de l'Exposition.

Le service technique est soumis aux règles administratives et de comptabilité reproduites dans la présente instruction.

L'importance des ouvrages et le délai relativement court pendant lequel ils doivent être exécutés exigent de tout le personnel, et plus particulièrement du personnel des travaux, le zèle le plus soutenu et la plus grande activité. Aussi est-il indispensable que l'habitude soit prise, dès le début des opérations, de la régularité dans le service.

ART. 2.

Personnel.

Les agents de tous grades doivent au service de l'Exposition sept heures au moins de travail par jour. Ils assurent dans tous les cas le service régulier dont ils sont chargés et particulièrement l'étude des projets, les dessins d'exécution, la surveillance, le contrôle, la vérification et le règlement des ouvrages. En un mot, chaque agent du service d'architecture a pour devoir de veiller aux intérêts de l'Exposition; il est personnellement responsable de tout manquement à cette règle.

Les bureaux de chaque agence doivent rester ouverts de 9 heures du matin à 6 heures du soir. Une permanence doit y être maintenue sans interruption pendant ce temps.

ART. 3.

Mobilier et fournitures des bureaux d'agences.

Le mobilier des bureaux d'agences est livré et repris par les soins du service du matériel (Direction des finances), qui en tient l'inventaire; l'architecte doit, en conséquence, demander à ce service, par l'intermédiaire de la Direction d'architecture, le mobilier qui lui sera nécessaire et l'informer, par la même voie, de tous les changements que peuvent subir les agences et qui sont de nature à motiver le déplacement, la réparation ou remplacement de tout ou partie des objets composant ce mobilier.

L'inventaire de ce mobilier doit être signé par l'architecte, qui en a la responsabilité.

Les bons de fournitures, signés également par l'architecte, chef de service, sont transmis à la Direction qui les examine et y donne suite.

ART. 4.

Architecte.

L'architecte est responsable de l'ensemble de son service; il a autorité sur tous ses agents, dont il assure le travail et règle la présence.

Il correspond avec le Directeur des services d'architecture.

Il signale, par rapports spéciaux, tous les faits qui peuvent intéresser l'opération dont il est chargé.

L'architecte doit, pour les travaux qui lui sont confiés, étudier les projets, dresser les plans et tous les dessins nécessaires à l'exécution ainsi que les. devis et cahiers des charges, avant-métrés, bordereaux de prix, détails estimatifs et toutes autres pièces nécessaires à la bonne marche des travaux.

Il assure l'exécution et le règlement des travaux, après autorisation, en conformité des projets approuvés, suivant les règles de l'art, au mieux des intérêts de l'Administration, et dans la limite des crédits qui lui sont ouverts.

Pour assurer l'ensemble de ces prescriptions, l'architecte doit veiller à ce que chacun des agents placés sous ses ordres, et dont les attributions sont ci-après déterminées, remplisse avec régularité les obligations de son emploi, dans le but d'obtenir, avec une bonne exécution, une comptabilité parfaitement exacte et constamment à jour.

L'architecte répond aux demandes de renseignements ou de transmission de pièces sur le communiqué qui lui est adressé; mais il établit des rapports toutes les fois que les renseignements ou les propositions à fournir importent un certain développement, en raison de l'importance de l'affaire traitée, qu'il s'agisse de questions d'art ou de construction, de questions contentieuses ou autres.

Ces rapports, ainsi que ceux qui font partie intégrante d'un projet, doivent contenir non seulement l'opinion et les conclusions nettes et précises de l'architecte, mais encore tous les arguments sur lesquels elles sont basées. Ils sont rédigés avec le plus grand soin; la forme en est personnelle et dégagée de tout préambule et de toute formule finale de cérémonie.

Des états de rappel des affaires en retard sont adressés aux architectes, afin qu'ils en activent l'instruction.

Ces états doivent être immédiatement retournés à l'Administration, avec indication des causes qui retardent l'envoi des documents réclamés ou de la date à laquelle ils seront fournis. C'est là une simple mesure d'ordre qui ne touche en rien le fond des affaires pour lesquelles il doit toujours être fait une réponse spéciale.

ART. 5.

Inspecteur.

L'inspecteur est chargé plus spécialement de la conduite du chantier, au point de vue de la bonne et rapide exécution des travaux. Il prépare les détails, dessins ou calepins d'exécution, surveille l'application des cahiers

2 .

des charges, tient le registre des ordres de service, fait opérer la rentrée des annexes et situations de dépenses, en contrôle et certifie le contenu, surveille la tenue des attachements qu'il approuve, notifie les ordres et règlements aux entrepreneurs, vérifie les propositions de payement; en un mot, seconde l'architecte dans la direction de l'œuvre et assure la marche régulière des études, des travaux et de la comptabilité. Il est responsable de la présence des agents et de la permanence du bureau. En cas d'empêchement ou d'absence de l'architecte, il peut être chargé par l'Administration de le suppléer.

ART. 6.

Sous-inspecteur.

Le sous-inspecteur seconde l'inspecteur dans la préparation, la surveillance et l'exécution des travaux. Il fait appliquer les prescriptions des cahiers des charges et ordres de service et signale les infractions à l'inspecteur et à l'architecte.

Il relève et vérifie les attachements écrits et figurés et en fait l'inscription au carnet; il seconde l'architecte dans les relevés, calques, autographies ou études nécessaires à l'exécution des travaux.

Enfin il tient le calepin de chantier.

ART. 7.

Vérificateur.

Le vérificateur dresse les devis et cahiers des charges, avant-métrés, bordereaux de prix et détails estimatifs, d'après les instructions de l'architecte. En ce qui concerne l'exécution des travaux, il assure la tenue du sommier et établit les situations de dépenses et les certificats de payement. Il vérifie personnellement, contradictoirement avec l'entrepreneur ou son représentant, tant sur place que sur le vu des attachements, les annexes de travaux exécutés. Il procède à leur règlement par application des pièces du marché; il fait accepter les règlements par l'entrepreneur et dresse les comptes partiels et définitifs des dépenses.

Il tient à jour l'état comparatif des dépenses prévues et de celles réalisées; enfin, il arrête le sommier avec l'architecte, en fin d'opération.

Le vérificateur doit signaler à l'architecte toute tenue imparfaite ou incomplète des registres de comptabilité ou des attachements qui ne lui permettrait pas d'opérer régulièrement ses règlements.

ART. 8.

Commis comptable.

Le commis comptable a pour mission de seconder le vérificateur dans tout le travail de bureau relatif aux règlements de travaux, et notamment dans les calculs des estimations de dépenses; de préparer et de soumettre au visa et à la signature de l'architecte les pièces de comptabilité, situations, tableaux, états de compte de dépenses; d'assurer le service d'ordre de l'agence et le classement des archives.

Il tient le sommier et le registre d'entrée et de sortie des pièces et délivre copie des ordres de service au conducteur du tas chargé d'en suivre l'exécution.

ART. 9.

Expéditionnaire.

L'expéditionnaire est chargé de l'expédition de la correspondance, des rapports, devis et autres pièces administratives.

ART. 10.

Conducteur du tas.

Le conducteur du tas est un agent de surveillance des travaux. Il veille à leur bonne exécution et à l'emploi des matériaux prévus. Il s'assure que l'entrepreneur se renferme rigoureusement dans les prescriptions des ordres de service. Il prend note de tous les faits de nature à faciliter la vérification des attachements et des mémoires.

Il signale aux inspecteurs et à l'architecte toute infraction aux conditions des marchés et commandes, aux règles de la bonne exécution et aux intérêts de l'Administration.

ART. 11.

Garçon de bureau.

Le garçon de bureau est chargé du service des bureaux de l'agence qu'il doit tenir en bon état constant de propreté. Il fait les courses relatives aux affaires de l'agence et veille à la conservation du mobilier et du matériel.

Il doit être rendu au bureau à 8 heures et n'en partir qu'après la fermeture.

ART. 1 2.

Changement du personnel.

L'Administration se réserve la faculté de remplacer sans indemnité les architectes ou autres agents du service pour les causes ci-après :

1° En cas de maladie constatée par rapport du médecin de l'Administration établissant que l'agent est dans un état de santé ne lui permettant pas de continuer à remplir ses fonctions;

2° En cas de manquement aux devoirs professionnels, négligence ou fautes graves dans le service;

3° En cas de retards sérieux apportés aux études et détails d'exécution, ou à la marche des travaux;

4° En un mot, dans tous les cas où la façon d'opérer compromettrait les intérêts de l'Administration ou l'achèvement des constructions pour l'époque fixée.

CHAPITRE II.

RÉDACTION DES PROJETS.

ART. 1 3.

Observations préliminaires.

La rédaction des projets des édifices à construire pour l'Exposition universelle de 1900 se présente dans des conditions spéciales dont il importe que les architectes se rendent exactement compte.

Le délai d'exécution des travaux étant fixe, et ne pouvant être prolongé sous aucun prétexte, il est de nécessité absolue d'éviter toute perte de temps.

De plus, chacun des édifices de l'Exposition faisant partie d'un ensemble architectural, et le plus souvent se reliant à des constructions voisines, les architectes chargés d'en assurer la réalisation devront se conformer rigoureusement au programme et aux données générales (hauteurs, dimensions, cotes de niveau, etc.) arrêtées par la Direction des services d'architecture.

Dans le cas où des divergences d'opinions se produiraient entre les architectes d'édifices voisins, le différend sera tranché par le Commissaire général de l'Exposition, sur la proposition du Directeur des services d'architecture, après examen des arguments présentés par les parties.

ART. 14.

Rédaction des avant-projets.

La Direction des services d'architecture délivre à l'architecte le programme de l'édifice dont il est chargé, ainsi que les dimensions principales et les conditions générales d'établissement de cet édifice.

L'architecte dresse un avant-projet à une échelle de o m. oo5 pour mètre, avec estimation sommaire au mètre superficiel ou cubique, et rapport explicatif faisant connaître les dispositions adoptées, les particularités de la composition, les moyens d'exécution, les causes de dépenses exceptionnelles, etc. Cet avant-projet est transmis à la Direction des services d'architecture qui en provoque l'approbation.

ART. 15.

Projets définitifs.

Après son approbation par le Commissaire général, l'avant-projet est retourné à l'architecte qui en établit immédiatement un double pour la Direction des services d'architecture et poursuit sans délai la rédaction du projet définitif devant servir de base à l'adjudication des travaux.

Le projet définitif doit être dressé avec le plus grand soin et tenir compte de la qualité du sol constatée par des sondages préalables. Il doit contenir l'indication des cotes de nivellement, tant sur les voies d'accès qu'à l'intérieur, prévoir, suivant les cas, les moyens de ventilation, la canalisation et les appareils d'eau, de gaz et d'électricité, la canalisation des eaux usées, les ascenseurs et paratonnerres quand il y a lieu, en un mot tout ce qui se rapporte à la construction.

L'ensemble d'un projet définitif comprend :

1° Les plans des divers étages, les élévations et les coupes de l'édifice, à l'échelle de o m. o1 pour mètre;

2° Une évaluation d'ensemble de la dépense totale, y compris une somme à valoir de 10 p. o/o pour imprévus et travaux en régie et 3 p. o/o pour frais d'agence.

Le projet définitif comprendra, en outre, pour chaque nature d'ouvrages à adjuger ou à traiter de gré à gré suivant le cas :

1° Un devis et cahier des charges indiquant les conditions particulières du marché, de l'exécution et du règlement des travaux;

2° Un avant-métré des travaux prévus;

3° Un bordereau de prix formant série de base pour le marché;

4° Un détail estimatif de la dépense établic sur les données de l'avant-métré et du bordereau.

ART. 16.

Devis estimatif.

Les devis, avant-métrés, bordereaux de prix et détails estimatifs de travaux sont dressés sur un mode uniforme, en se conformant autant que possible à la marche qui devra être suivie dans la construction, pour faciliter des subdivisions dans les ordres de service et permettre, pendant la période d'exécution, des rapprochements successifs entre les prévisions et les dépenses partielles engagées.

Les devis devront établir d'une manière précise toutes les conditions spéciales d'exécution et de règlement, de façon à éviter toute indécision ou réclamation de la part de l'entrepreneur.

Les bordereaux de prix des matériaux, fournitures et main-d'œuvre devront avoir un développement suffisant pour répondre à tous les cas possibles de l'entreprise.

Les prix de cette série spéciale devront comprendre, sans contestation possible, toutes les plus-values du travail probable.

Il devra y être mentionné : que, si à titre exceptionnel des travaux autres que ceux indiqués étaient reconnus nécessaires en cours d'exécution, les prix en seraient établis par analogie avec ceux prévus; ou, à défaut, qu'on appliquerait les prix de la série de la Ville de Paris, édition de 1882, diminués de 20 p. o/o, indépendamment du rabais de l'adjudication.

ART. 17.

Détails d'exécution.

En même temps qu'il établit le projet définitif, l'architecte fait préparer les détails d'exécution des travaux, de façon que l'entrepreneur puisse se mettre à l'œuvre immédiatement après l'approbation de l'adjudication ou du marché.

Les dessins d'ensemble seront autographiés ou héliographiés, afin d'en faciliter la remise aux entrepreneurs; des exemplaires en seront déposés à la Direction des services d'architecture pour permettre son contrôle.

CHAPITRE III.

EXÉCUTION DES TRAVAUX.

———

ART. 18.

Adjudications et marchés.

Toutes les entreprises pour travaux ou fournitures de l'Exposition de 1900 sont données par adjudication publique avec concurrence et publicité, sauf les exceptions mentionnées ci-après.

Il peut être traité de gré à gré :

1° Pour les fournitures, transports et travaux dont la dépense n'excède pas 20,000 francs ou, s'il s'agit d'un marché passé pour plusieurs années, dont la dépense n'excède pas 5,000 francs par an [1];

2° Pour les objets dont la fabrication est exclusivement attribuée à des porteurs de brevets d'invention [1];

3° Pour les objets qui n'auraient qu'un possesseur unique [1];

4° Pour les ouvrages et les objets d'art et de précision dont l'exécution ne peut être confiée qu'à des artistes ou industriels éprouvés [1];

5° Pour les travaux, exploitations, fabrications et fournitures qui ne sont faites qu'à titre d'essai ou d'étude [1];

6° Pour les objets, matières et denrées qui, à raison de leur nature particulière et de la spécialité de l'emploi auquel ils sont destinés, doivent être achetés et choisis aux lieux de production [1];

7° Pour les fournitures, transports et travaux qui n'ont été l'objet d'aucune offre aux adjudications ou à l'égard desquels il n'a été proposé que des prix inacceptables [1];

Toutefois, lorsque l'Administration a cru devoir arrêter et faire connaître un maximum de prix, elle ne doit pas dépasser ce maximum;

8° Pour les fournitures, transports ou travaux qui, dans les cas d'urgence évidente amenée par des circonstances imprévues, ne peuvent pas subir les délais des adjudications [1];

9° Pour les fournitures, transports ou travaux que l'Administration doit

———

[1] Décret du 18 novembre 1882, art. 18.

faire exécuter au lieu et place des adjudicataires défaillants et à leurs risques et périls [1].

ART. 19.

Adjudications restreintes. — Garanties. — Dispense de marché.

Les adjudications publiques relatives à des fournitures, travaux, exploitations ou fabrications qui ne peuvent être sans inconvénient livrés à une concurrence illimitée, sont soumises à des restrictions permettant de n'admettre que les soumissions qui émanent de personnes reconnues capables par l'Administration au vu des titres exigés par les cahiers des charges, et préalablement à l'ouverture des plis renfermant les soumissions [2].

Les cahiers des charges déterminent la nature et l'importance des garanties que les fournisseurs ou entrepreneurs ont à produire, soit pour être admis aux adjudications, soit pour répondre de l'exécution de leurs engagements.

Il peut être suppléé aux marchés écrits par des achats, sur simple facture, pour les objets qui doivent être livrés immédiatement, quand la valeur de chacun de ces achats n'excède pas 1,500 francs [3].

La dispense de marché s'étend aux travaux et transports dont la valeur présumée n'excède pas 1,500 francs et qui peuvent être exécutés sur simple mémoire [3].

Il est toujours et nécessairement stipulé que tous les ouvrages exécutés par les entrepreneurs en dehors des autorisations régulières demeurent à la charge personnelle de ces derniers sans répétition contre l'Administration.

ART. 20.

Autorisation des travaux.

Aucun travail ne peut être commencé sans autorisation de l'Administration; aussitôt cette autorisation donnée, l'exécution doit être poussée avec la plus grande activité jusqu'à complet achèvement. L'architecte est tenu de faire connaître immédiatement au Directeur des services d'architecture les causes accidentelles ou autres qui pourraient en motiver l'interruption ou le ralentissement.

[1] Décret du 18 novembre 1882, art. 18.
[2] Décret du 18 novembre 1882, art. 3.
[3] Décret du 18 novembre 1882, art. 22.

ART. 21.

Modifications aux projets approuvés.

L'architecte ne doit, sous aucun prétexte, apporter aux projets approuvés des modifications ayant trait au système de construction, à la distribution intérieure, ni même au mode d'ornementation, sans autorisation préalable de l'Administration.

Toute modification devra être l'objet d'une demande spéciale et être signalée au Directeur des services d'architecture par un rapport détaillé, faisant connaître les différences de dépense en plus ou en moins qui pourraient en résulter.

CHAPITRE IV.

COMPTABILITÉ DES TRAVAUX.

ART. 22.

Observations préliminaires.

La plus grande régularité devra être apportée dans la tenue des livres de comptabilité et le classement des pièces de dépenses dans les bordereaux spéciaux et chemises de dossiers se rapportant à chaque affaire.

ART. 23.

Pièces de comptabilité.

Les registres, attachements, annexes, situations de dépenses, décomptes de travaux, certificats et autres pièces de comptabilité ne doivent recevoir aucun grattage ni surcharge; toutes les rectifications doivent faire l'objet de renvois approuvés.

ART. 24.

Ordre de service aux entrepreneurs.

Un ordre de service doit être délivré à l'entrepreneur pour chaque travail à exécuter. Tout travail exécuté sans ordre écrit peut être rejeté du compte de l'entrepreneur.

Les ordres de service sont rédigés par l'architecte ou l'inspecteur, et, dans tous les cas, signés par l'architecte. Ces ordres doivent être d'une grande précision, et les travaux, dont l'exécution est ordonnée, y être définis d'une manière exacte et complète; il est nécessaire d'y indiquer les moyens de construction, la nature des matériaux à employer, et, autant que possible, le chiffre maximum de la dépense dans lequel l'entrepreneur doit se renfermer. Enfin, les ordres de service doivent fixer le délai d'exécution du travail et la date de production de l'annexe de la situation ou du mémoire correspondant.

Tout ordre de service est signé par l'entrepreneur ou son représentant, au registre à souche, au-dessous de la formule disposée à cet effet.

S'il y a lieu de modifier un ordre de service transcrit, les modifications seront indiquées à l'encre rouge et parafées par l'architecte et par l'entrepreneur ou son représentant.

ART. 25.

Journal ou carnet d'attachements.

Le sous-inspecteur ou, à son défaut, le conducteur désigné par l'architecte tient un journal ou carnet d'attachements, sur lequel il inscrit, par ordre chronologique, pour servir à la vérification des annexes ou situations de dépenses ou mémoires, le détail de tous les travaux dont la trace doit disparaître ou qui doivent être cachés après l'achèvement des constructions; il y consigne également les poids de tous les métaux fournis ou façonnés.

Il inscrit également sur le carnet, par ordre chronologique, et en rappelant leurs numéros, l'intitulé sommaire de chacune des annexes, de telle sorte que tous les faits de dépense soient constatés sur les carnets et qu'aucun mémoire ne puisse être produit sans que la nature des faits de dépense qui y figurent ne se retrouve sur le carnet.

Tous les relevés, croquis, pesées ou constats doivent être écrits ou dessinés à l'encre sans grattages; ils doivent, en outre, être datés et parafés par le titulaire du carnet, reconnus exacts et signés par l'entrepreneur ou son représentant. Toutes les rectifications doivent être approuvées par les deux parties.

Les constats, quels qu'ils soient, n'établissent aucun droit pour l'entrepreneur; ils sont destinés à éclairer l'Administration sur les prétentions qui peuvent se produire lors du règlement des dépenses : l'agent chargé du carnet ne doit donc jamais refuser d'y mentionner aucun travail dont l'entrepreneur réclame l'inscription comme exécuté dans des conditions exceptionnelles. Les travaux ou dépenses qui figurent au carnet ne sont portés au décompte qu'autant qu'ils sont admis par l'Administration.

Les détails, comme dimensions métriques, croquis, analyse sommaire des travaux exécutés, doivent être portés sur la page de droite du carnet, celle de gauche ne devant contenir que la désignation succincte et le résumé en quantité des ouvrages. Lorsque les dessins seront de trop grande dimension pour être portés sur les carnets, ils formeront des feuilles séparées rattachées au carnet par un numéro d'ordre.

Le carnet est remis au vérificateur pour le règlement des annexes, situations ou mémoires présentés par les entrepreneurs. En conséquence, pour éviter toute interruption dans les constatations des travaux, l'agent chargé du relevé des attachements tiendra concurremment deux carnets, l'un portant une série de numéros pairs, l'autre une série de numéros impairs.

Le vérificateur accolade et parafe à l'encre rouge, sur le carnet, chacun des articles par lui relevés, en indiquant, dans la colonne *ad hoc*, le numéro de l'annexe correspondante.

Les carnets sont délivrés aux agents par l'architecte qui, au préalable, en parafe les feuillets par premier et dernier.

L'architecte et l'inspecteur doivent s'assurer que rien n'est oublié sur le carnet; ils sont personnellement responsables des erreurs ou des oublis qu'ils laisseraient commettre en n'exerçant pas très rigoureusement la surveillance qui leur est imposée par les règlements.

ART. 26.

Annexes.

Les annexes sont des mémoires partiels que produisent les entrepreneurs suivant les règles prescrites par l'Administration et qui servent, d'une part, à établir la situation des dépenses faites pour la délivrance des acomptes, d'autre part, à dresser les décomptes des travaux pour la liquidation définitive des sommes dues aux entrepreneurs.

Les annexes, datées et signées par l'entrepreneur, sont présentées sur papier libre; elles doivent porter, avec la plus grande exactitude, les numéros des ordres de service correspondants. Elles sont divisées en deux parties : la première contenant le métré et le détail par article des ouvrages exécutés ou des fournitures faites; la deuxième comprenant le résumé par nature des travaux correspondant au même prix. Ces annexes sont accompagnées, chacune, d'un tableau de classement contenant les éléments du résumé des quantités de même nature, tableau qui doit être conforme au modèle fixé par l'Administration.

Les annexes doivent rappeler, avec les numéros des pages et des inscriptions, les travaux qui ont été inscrits sur les carnets.

L'inspecteur veille à ce que les annexes soient remises au bureau de l'architecte à l'époque indiquée par les ordres de service; il inscrit leur date de réception sur les souches du livre des ordres de service. Il en contrôle avec soin le contenu, pour s'assurer que, dans la nature et l'importance des travaux exécutés, on a strictement observé les prescriptions de la commande; il indique en marge ses observations sur l'exécution, s'il y a lieu.

Il vérifie la concordance des articles portés sur les annexes avec les inscriptions aux carnets.

Ce contrôle terminé, il date et signe la formule de visa disposée à cet effet, en ayant soin de mentionner exactement les numéros des ordres de service auxquels les annexes sont relatives; et il remet immédiatement le dossier au vérificateur chargé du règlement.

Le vérificateur, doit, dès qu'il a reçu une annexe, en inscrire le numéro ainsi que le montant au sommier et à la chemise du dossier où elle sera ultérieurement classée.

Il la vérifie, tant sur place que sur attachement, et, après avoir indiqué à l'encre rouge le règlement qu'il propose, l'avoir datée et signée, la remet à l'architecte qui, s'il y a lieu, revêt de sa signature le visa approbatif du règlement. L'annexe visée par l'architecte sera ensuite communiquée à l'entrepreneur, pour acceptation provisoire du règlement ou pour réclamation écrite et motivée s'il y a lieu, dans la forme usitée et dans les délais fixés par les cahiers des charges.

ART. 27.

Décomptes.

Les décomptes, quels qu'ils soient, sont les résumés des annexes réglées relatives à un même travail. Ces décomptes sont établis par les vérificateurs à l'aide des annexes qu'ils ont vérifiées et réglées; ils sont de deux espèces : les uns sont partiels, les autres définitifs ou de solde.

Les décomptes partiels s'appliquent aux opérations d'une certaine durée, et permettent de liquider tout ou partie des dépenses, au fur et à mesure de l'avancement des travaux.

Ces décomptes partiels ne devront porter que sur des parties de construction bien délimitées, et seront invariablement établis en suivant l'ordre numérique des annexes.

Les décomptes définitifs sont dressés en fin d'opération, de manière à en permettre la liquidation complète.

Ces décomptes, tant partiels que définitifs, sont établis en trois expéditions, dont une timbrée et adressés à la Direction des services d'architecture, pour revision, avec les annexes qui en forment le détail.

Après revision, l'entrepreneur est appelé en acceptation définitive dans les bureaux de l'Administration centrale. Les décomptes sont ensuite retournés à l'architecte qui dresse le certificat de payement.

Une des expéditions est classée au dossier de l'entreprise; les deux autres expéditions, dont celle timbrée, seront transmises au bureau de la comptabilité des travaux, pour liquidation.

L'architecte joindra, à l'appui de la proposition de solde, un procès-verbal de réception définitive, en double expédition, dont une timbrée.

Les décomptes ne doivent contenir aucun grattage ni surcharge; si des rectifications d'écriture sont nécessaires, elles feront l'objet de renvois à l'encre rouge, approuvés et signés par l'architecte.

Les décomptes se diviseront, s'il y a lieu, en plusieurs parties : l'une comprenant tous les travaux exécutés en vertu de l'adjudication et soumis à l'application du rabais; l'autre, les fournitures qui lui auront été demandées et qui ne sont pas susceptibles d'être frappées de rabais.

Si des retenues sont à exercer en vertu des cahiers des charges, elles formeront une troisième partie dont le montant viendra en déduction du total des deux autres.

Les décomptes partiels ou de solde dûment acceptés par les entrepreneurs ne pourront ultérieurement donner lieu, de leur part, à aucune réclamation.

ART. 28.

Dossier d'annexes et de décomptes.

Les annexes et les décomptes sont classés par le vérificateur, au bureau de l'architecte, dans les chemises spéciales intitulées : «Dossier d'annexes

et de décomptes »; chacun de ces dossiers se rapportera à un entrepreneur et renfermera, en ce qui le concerne, toutes les pièces de dépenses relatives à un même crédit.

ART. 29.

Sommier.

Le sommier est le livre de comptabilité de l'architecte; il est tenu par le vérificateur.

Les faits de dépenses, mentionnés dans les carnets d'attachements et les annexes au fur et à mesure de l'avancement des travaux, y sont inscrits en demande, en règlement et en revision définitive suivant un classement méthodique par crédit, par opération, et par nom d'entrepreneur.

Les mentions sont faites en rappelant les numéros des pages et des inscriptions sur les carnets, et en portant sur les carnets, à l'encre rouge, l'indication de la transcription sur le sommier, avec le numéro de cette inscription, de manière qu'en feuilletant le carnet ou le sommier on puisse retrouver immédiatement les articles correspondants.

Le sommier se divise en deux parties : la première est affectée à la nomenclature des crédits ou portions de crédits mis à la disposition de l'architecte pour le payement des dépenses autorisées; la seconde est formée des comptes ouverts par crédit aux divers entrepreneurs de travaux.

Les noms des entrepreneurs, les rabais d'adjudication, les dates des marchés doivent être écrits avec une grande exactitude. C'est après avoir porté toutes ces indications qu'on passera à l'enregistrement des chiffres de dépenses. Les inscriptions doivent avoir lieu exactement au fur et à mesure de la production des pièces de comptabilité et de la connaissance des chiffres que fournissent les règlements successifs des dépenses.

Les acomptes ou soldes proposés doivent être mentionnés dès que la proposition en a été faite par l'architecte, et la date des certificats, dès que le bordereau d'émission est transmis par le service de la comptabilité.

ART. 30.

États sommaires mensuels des dépenses.

Les états sommaires établis par les vérificateurs présentent la situation des dépenses faites à la fin de chaque mois; ils contiennent les indications caractéristiques des travaux exécutés, telles que : nature des ouvrages, emplacement d'exécution, date des autorisations, noms des entrepreneurs, montant des dépenses autorisées et la constatation des dépenses faites. Les articles de dépenses y doivent être inscrits dans l'ordre des crédits.

Ces états sommaires, après avoir été vérifiés et signés par l'architecte, sont adressés à la Direction des services d'architecture, au plus tard le 10 de chaque mois.

Les opérations dont toutes les dépenses ne sont pas complètement liquidées doivent figurer dans les états sommaires.

ART. 31.

Propositions de payement d'acomptes aux entrepreneurs.

Lorsqu'il y a lieu de délivrer un acompte à un entrepreneur, l'architecte présente une situation des dépenses faites depuis le commencement de l'entreprise; cette situation indique :

1° Le montant des dépenses portées sur la dernière situation dressée (approvisionnements exceptés);

2° Les travaux exécutés ou fournitures faites depuis la dernière situation provisoire avec les quantités et les dépenses (travaux terminés, en cours et approvisionnements);

3° L'état récapitulatif des certificats précédemment délivrés.

ART. 32.

Fournitures ou travaux faits par voie de régie.

Pour les fournitures et travaux à exécuter par voie de régie, la constatation devra être faite immédiatement sur les carnets d'attachements. Ces dépenses seront décomptées toutes les fois qu'il y aura lieu à payement, et, en général, à la fin de chaque mois, par le vérificateur, sur des formules de mémoires; l'architecte les signera après vérification et en adressera trois expéditions, dont une timbrée, à la Direction des services d'architecture, après inscription au carnet et au sommier, sur un compte spécial de régie.

Les dépenses dont le montant n'excède pas 10 francs devront figurer sur des quittances exemptes du timbre.

Les travaux exécutés à la tâche par un ouvrier seul, ou avec un aide, seront présentés sur des états à la tâche. Ces états sont exempts du timbre. Ils figureront aux carnets et au sommier.

Les journées de surveillants et d'ouvriers seront constatées sur des feuilles spéciales, arrêtées à la fin du mois ou plus fréquemment s'il est nécessaire; les résultats de ces feuilles seront inscrits immédiatement sur les carnets d'attachements et sur les sommiers.

Les salaires des surveillants et ouvriers employés à titre permanent seront décomptés sur des états mensuels émargés par les intéressés. Ces états devront être adressés à la Direction des services d'architecture, bureau de la comptabilité, le 15 de chaque mois, au plus tard, après inscription comme ci-dessus.

Les ouvriers non compris sur les états de salaires mensuels, et ceux qu'il y a lieu de payer d'urgence, seront portés sur des rôles de régie. Le montant en sera payé par le régisseur comptable qui comprendra ces rôles dans ses bordereaux justificatifs d'avances.

Dressé par le Directeur des services d'architecture.

Paris, le 15 février 1897.

J. BOUVARD.

Vu et approuvé :

Paris, le 15 février 1897.

Le Commissaire général,

A. PICARD.